JAFメディアワークス

猫好きにおくる交通まにゃ〜ぶっく

はじめに

この本は、猫のフォトブックです。
かわいい姿、面白い姿など、猫のさまざまな表情を集めました。

そのついでに
全ての人と猫が心地よく道を利用するためのルールやマナーと、
起こりやすいトラブルなどを
猫の身のこなしのように軽～く説明しています。

この本には、
おもに猫と自動車・歩行者・自転車しか出てきません。
法令の詳細な解説や、難しい話はないので
この本で運転免許はまず取れません。
その代わりに少しだけ猫に詳しくなったり、
交通まにゃ～を考えるきっかけになったりするかもしれません。
猫の写真を眺めながら、ついでにちょっとだけ
交通まにゃ～に思いをめぐらせてみてもらえたらと思います。
あなたのお気に入りの1枚が見つかりますように。
そして猫が、人が、あなたが、今日もハッピーでありますように。

思《おも》いやり

みんなが安心・安全に道路を通るために必要になるもので、「優しさ」と呼ぶこともある。

交通安全を構成する主成分。

道路交通法《どうろこうつうほう》

安全に交通するために、道路を利用するすべての人が守らなくてはならない法律。略して道交法といい、韻を踏んでいて呼びやすい。猫のような気ままさで法律を破ると、警察に捕まってしまう。

歩道《ほどう》の通行《つうこう》

歩行者は、歩道がある場所では基本的に左右どちらかの歩道を歩かなくてはならない。

なお、猫は満腹状態の人間のお腹の上を体重をかけて歩いてはいけない。

横断禁止《おうだんきんし》

大通りなど、「歩行者横断禁止」の標識がある道路を歩行者が横断すると、2万円以下の罰金か科料となる。寝転がった人間の顔の上や、洗車したばかりの自動車の上などを猫が横断すると、人間が悲鳴を上げることになる。猫も歩行者も、通ってはいけない場所はある。

横断歩道《おうだんほどう》の通行《つうこう》

猫はキャットウォークを通行しなくても許されるが、歩行者は付近に横断歩道がある場合、必ず横断歩道を渡らなくてはならない。付近の範囲は決まっていないが、20～30ｍほどの範囲に横断歩道がある場合は渡るようにした方がよい。

斜《なな》め横断《おうだん》

道や交差点を斜めに横断したり、横断歩道の手前から車道に下りて渡ろうとしたりすること。

道路を渡る距離と時間が長くなり、危険が増すので、スクランブル交差点以外では禁止されている。

にゃにゃめ
おーだん！

直前直後《ちょくぜんちょくご》横断《おうだん》

横断歩道以外の場所で、歩行者が車両の直前や直後で横断すること。なぜか人間の顔目がけて飛んでくる猫の行動になすすべがないように、突然目の前に人が現れるとドライバーも避けることができない。

横断歩道《おうだんほどう》は手《て》を上《あ》げて

ドライバーに「今から渡るよ！」という意思を示すポーズ。小さな子どもの場合は、ドライバーに気づいてもらいやすくなる効果もある。道を渡りたいという強い気持ちを、ドライバーにアイコンタクトで伝えることが大切。

13　上げる手は片手で大丈夫にゃ～。

広《ひろ》がり歩《ある》き

歩道や道路幅いっぱいに広がって道をふさぐ迷惑行為のこと。また、向かいから歩いて来る人がいてもよけないこと。

廊下や階段などの狭い通路に限って猫が幅を取って居座っている状況も指し、大抵の場合は人間が隙間を縫って歩くことになる。

幼児《ようじ》の独《ひと》り歩《ある》き

交通量の多い道路などを、保護者の付き添いなく6歳未満の子どもに歩かせること。道交法で禁止されている。親猫がやんちゃな子猫の首根っこをそっとくわえて歩くように、人の子どもも手をつないで歩くと安全。

泥《でい》酔《すい》歩《ほ》行《こう》

交通の妨害になるほどお酒を飲んでふらついたり、道端で寝る・しゃがみこむなどしたりすること。5万円以下の罰金で、歩行者への罰則としては最も重い。

またたびもお酒も、ほどほどがいちばん。

車道《しゃどう》のランニング

道交法上では歩行者にあたるランナーが、ランニング中に、軽快に走れるところを求めて車道に下りてしまい、自動車や自転車の走行妨害をすること。

ランニャーズハイになっても道交法は忘れずに。

公道《こうどう》での遊具使用《ゆうぐしよう》

交通が多い道路で、球技、ローラースケート、キックボード（電動ではないもの）、スケボー、ストライダーなどを使用することは禁止となっている。

人も猫も、おもちゃに夢中になると周りが見えなくなるので危険。

我が物顔だにゃ～

道《どう》路《ろ》族《ぞく》

子どもを道路で遊ばせたり、延々と井戸端会議をしたり、周りを気にせずに道路で騒ぐ人たちのこと。また、道路で集会を行う猫たちのことも指す。人間の道路族は、猫ほどにはかわいげがないことが多い。

後方《こうほう》振《ふ》り回《まわ》し

おもに、歩行者が畳んだ傘を横向きに持って大きく腕を降って歩くこと。周囲を無意識に攻撃する行為。

また、猫がしなやかな尻尾を振り回して、ビシバシと周囲を叩くことをいう。

歩《ある》きスマホ

歩きながらスマホなどを操作したり、本を読んだりすること。やっている本人は器用に周囲を避けているつもりだけれど、全く周りが見えていないことがほとんど。うっかり猫をふんじゃうこともあり、非常に危険。

歩《ある》きタバコ

タバコを吸いながら道を歩くことで、８００度にもなる火をくわえて歩く行為。後ろを歩く人にタバコの煙がかかったり、子どもや猫の顔付近に火が近づいたりすることもある。

くわえ歩きが許されるのはどら猫だけ。

右側通行《みぎがわつうこう》

歩道や路側帯がない道路では、歩行者は右側を通行しなくてはならない。ただし、右側に危険があったり、猫が道をふさいでいたりする場合は左側の通行も可能。

電動《でんどう》キックボード

出せる最高速度によって3種類に呼び分けられる、複雑な乗り物。時速20km以下のものは免許が不要だが、車両に含まれるので乗りこなすには道交法などの知識が必要。なお歩道走行が可能なのは、自転車の歩道通行が標識で許可された場所を時速6km以下のモードで走行する時だけで、速度さえ切り替えればいつでもどこでも歩道走行できるわけではない。また猫との二人乗りも禁止されている。

年《ねん》齢《れい》制《せい》限《げん》

車両運転に必要な免許を取得できる年齢のこと。電動キックボード（特定小型）は免許不要だが、16歳以上から運転可能となっている。16歳未満の者に車両を貸したり乗らせたりすることも違反となり、6か月以下の懲役又は10万円以下の罰金と重い罰則がある。

電動キックボードに
乗れるまで
あと15年にゃ～

車道通行《しゃどうつうこう》

自転車や電動キックボード（特定小型）は、例外を除いて必ず車道の左端を走行しなければならない。連なった車の屋根の上は、「車道」ではないので猫以外は通行してはいけない。

二人《ふたり》乗《の》り

自転車は、運転手が16歳以上で同乗者が6歳未満の場合のみ、チャイルドシートを取りつけることで二人乗りが可能になる。

青春を感じたくても、学生など大人同士の二人乗りは残念ながらできない。

二《に》段《だん》階《かい》右《う》折《せつ》

右折をする時に、交差点を一度直進してから右に向きを変え、進行方向の信号が変わるのを待ってから進むという段階を踏むこと。自転車や電動キックボード（特定小型）は必ず二段階右折をしなければならない。

並走《へいそう》の禁止《きんし》

車両が「並進可」の標識がないところで、2台以上並んで走行することで、特に自転車や電動キックボードが違反していることが多い。標識があっても並走できるのは2台まで。競争に夢中になった猫に、人間がひかれる事故がよく見られるため禁止されているが、決まりを守る猫は少ない。

ヘルメット

大事な頭を、いざという時に守ってくれる強い味方。自転車や電動キックボード（特定小型）の着用は努力義務だが、被っていないと命を失う確率が1・6倍も高くなる。

反射材《はんしゃざい》

光を反射してキラキラと目立たせるための道具で、夜間の外出では、反射材で自分の存在を猛アピールすることが大事。

なお猫は瞳の中に、タペタムという天然の反射板を備えていて、アピール準備はいつでも完璧。

高速道路《こうそくどうろ》の進入禁止《しんにゅうきんし》

歩行者や自転車、原付の高速道路への進入は高速自動車国道法という長くて覚えにくい法律で禁止されている。法律名は覚えられなくても、入ってはいけないことは覚えておきたい。

放置《ほうち》自転車《じてんしゃ》

駐輪場以外に停められた自転車のこと。放置された自転車は、歩行者のジャマになったり、緊急車両などの通行を妨げることがある。また、いつの間にか猫のお昼寝場所にされてしまうので注意が必要。

歩《ほ》行《こう》者《しゃ》妨《ぼう》害《がい》

信号のない横断歩道を渡ろうとする歩行者や、道路を渡る途中の歩行者を車両がジャマすること。

また、猫が飼い主の作業などのジャマしてくることを特に「ネコハラ」という。

逆走《ぎゃくそう》

車両が右側走行をすることで、特に自転車や電動キックボードによる違反が多い。また車両が一方通行の進路方向を守らないことも指し、猫同士が頭をぶつけるような軽い事故では済まない。

無《む》灯《とう》火《か》運《うん》転《てん》

日没から日の出までの時間帯に、車両がライトをつけずに走行すること。ライトには辺りを照らす役割の他に、周囲から気づいてもらいやすくなる効果がある。黒猫のように夜闇に溶け込むと危険。

イヤホン運転《うんてん》

おもに、イヤホンやヘッドホンで音楽などを聞きながら車両を運転することを指すが、緊急車両のサイレンが聞こえないほどの大音量でカーステレオを鳴らすことも含まれ、違反となることがある。猫の3分の1しか聴力がない人間の耳は、ふさがずに空けておきたい。

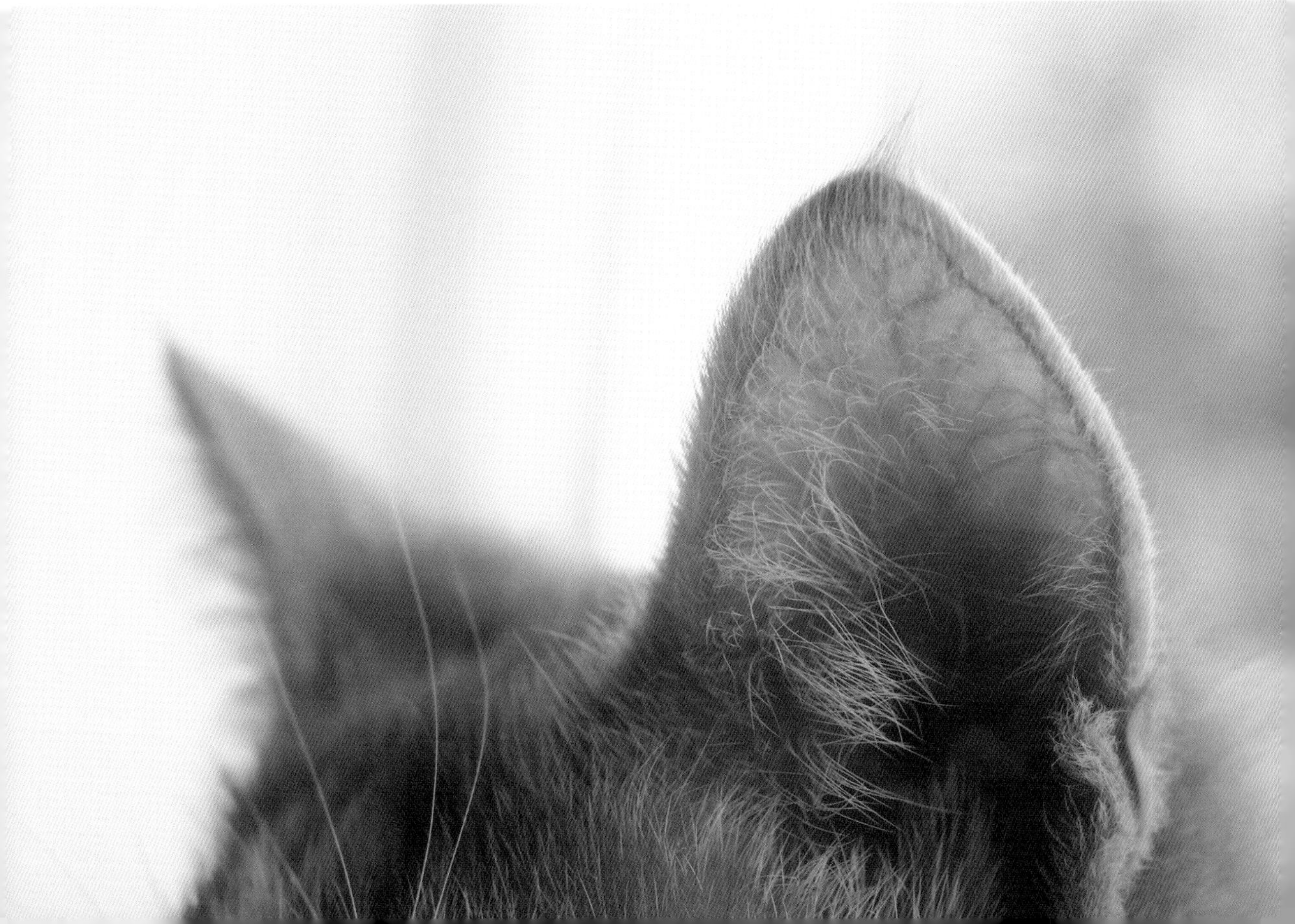

一《いち》時《じ》停《てい》止《し》

ブレーキをしっかり踏んで、完全に車両を停止させること。停止時間は決まっていないが、左右確認をするために3秒以上が目安。驚いてフリーズした時の猫のように、ビシッと止まることが重要。

飲酒運転《いんしゅうんてん》

「酒気帯び運転」と「酒酔い運転」の総称で、酒酔い運転は最も重い交通違反の一つ。運転した本人だけでなく、同乗者や運転するとわかっていてお酒を提供した人も罰せられる。

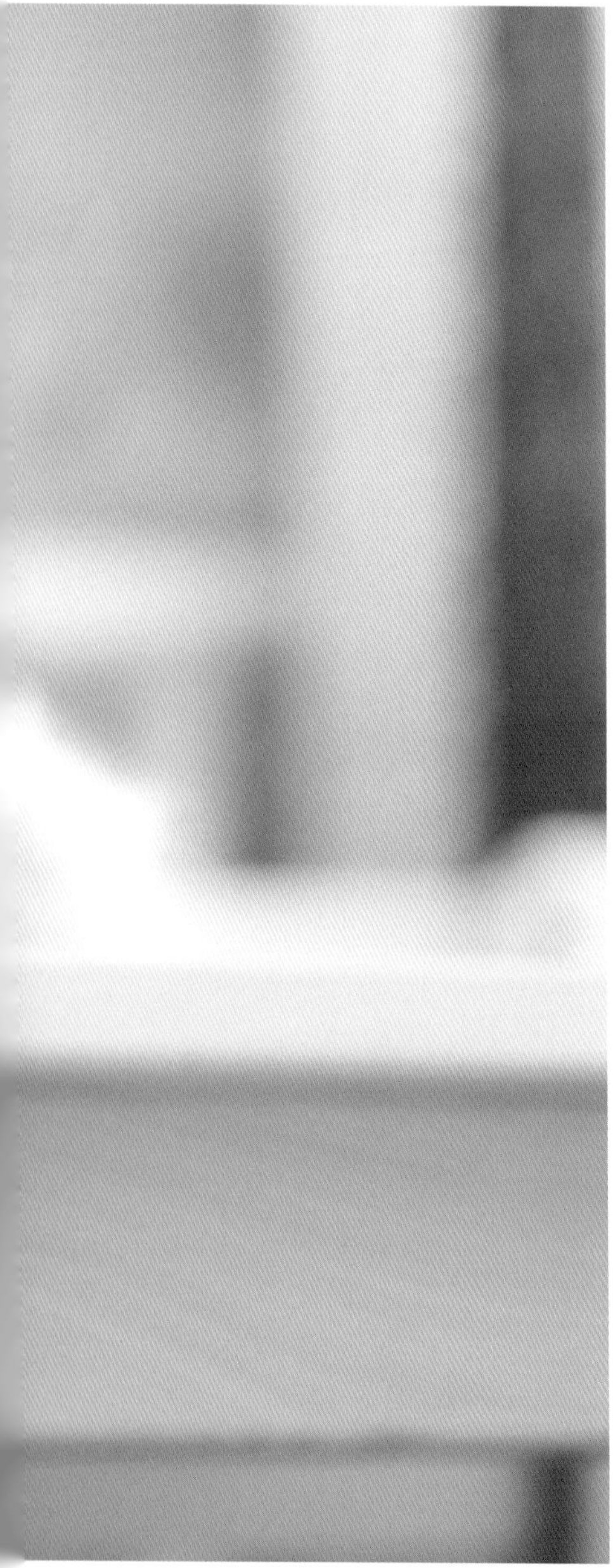

停《てい》止《し》線《せん》オーバー

交差点の直前などに引かれた、車両が停止しなければならない位置を示すラインをはみ出ること。信号がある交差点では信号無視になる。

信号の変わり目に停止線に近づいたら、借りてきた猫のようにそっと止まることが大事。また進行方向が詰まっていて、交差点内で信号が変わってしまいそうな時は交差点に進入してはいけない。

泥《どろ》はね運転《うんてん》

車両が泥水などをはね上げる可能性がある場合は、徐行運転をして、はねないようにしなければならない。歩行者に泥水をかけると5～7千円の反則金だが、猫に泥水をかけると後々まで恨まれる。

泥水をかけられたら、末代までたたってやるにゃー…。

脇《わき》見《み》運《うん》転《てん》

何かに気を取られ、前方不注意の状態で運転することで、道交法第70条の安全運転義務違反にあたる。猫も、動くものに次々と気を取られていると人や壁にぶつかることがあるので、注意が必要。

側方距離《そくほうきょり》

車両と歩行者がすれ違う時に空ける距離のことで、1〜1・5mほどが安全とされている。距離を取れない場合は徐行が必要で、守らないと点数2点の違反になる。人も自動車も猫の餌皿も、離しておけば事故も取り合いもなく平和。

追《お》い越《こ》し
追《お》い抜《ぬ》き

自動車などが進路や車線を変更して、前方の車両を抜くことを追い越しという。また、側方にいる車両の前にただ出るだけの場合は追い抜きと呼ぶ。危険な場所では禁止されていて、特に横断歩道や自転車横断帯の30m以内で行うことはどちらも厳禁。

路《ろ》側《そく》帯《たい》

歩道がない道路や、片側にしか歩道がない車道にある歩行者専用道路のことで、白線で区切られたスペースを指す。よく路肩と混同される存在。自転車や電動キックボード（特例特定小型のみ）も左側なら走行できるが、二重白線の路側帯は全ての車両が走行できない。

一方通行《いっぽうつうこう》

車両が一方向にしか通行できない道路や、人間の愛情が伝わらず猫につれない態度をとられること。道路の出口側は進入禁止のため、出口側からバック運転で進入するような離れ業も不可。また、対向車が来ないとはいえ、右側に駐停車することは違反になる。

免《めん》許《きょ》証《しょう》不《ふ》携《けい》帯《たい》

運転する時に、その車両の運転免許証を持ち歩いていないこと。また警察官に免許証を見せるように言われた時に見せないこと。どちらも道交法第95条に違反で、うっかりやらかしてしまいがち。免許証はお財布に、猫の迷子札は首輪に、いつも身につけるものと一緒だと安心。

防犯対策《ぼうはんたいさく》

車両を盗まれたり傷つけられたりしないようにすること。鍵をかけないままの車両や、防犯登録のされていない自転車などは、格好の獲物になってしまう。また、トイレの扉をしっかり閉めていないと、トイレットペーパーが猫たちの獲物になり無惨な姿になってしまう。

点検《てんけん》

いつでも鋭い猫パンチを繰り出すには、日頃のメンテナンスが欠かせない。車両も日常的にエンジンルームの消耗液を交換したり、ブレーキの効きを確認したり、点検をすることでその能力を最大限に発揮できる。

乗車定員《じょうしゃていいん》

車検証に記載された、その自動車に乗ってもいい人数のこと。12歳未満の子どもは1・5人で大人1人分と数える。

母猫1匹と子猫3匹なら大人猫3匹分。

シートベルト

例外を除き、全席で常に着用が義務となっていて、着けていないと事故時の死亡率が着用者の14倍にもなる。空中に放り出されても体をひねって足から着地できる猫のような身体能力は人にはないので、シートベルトで車から放り出されないようにすることが大事。

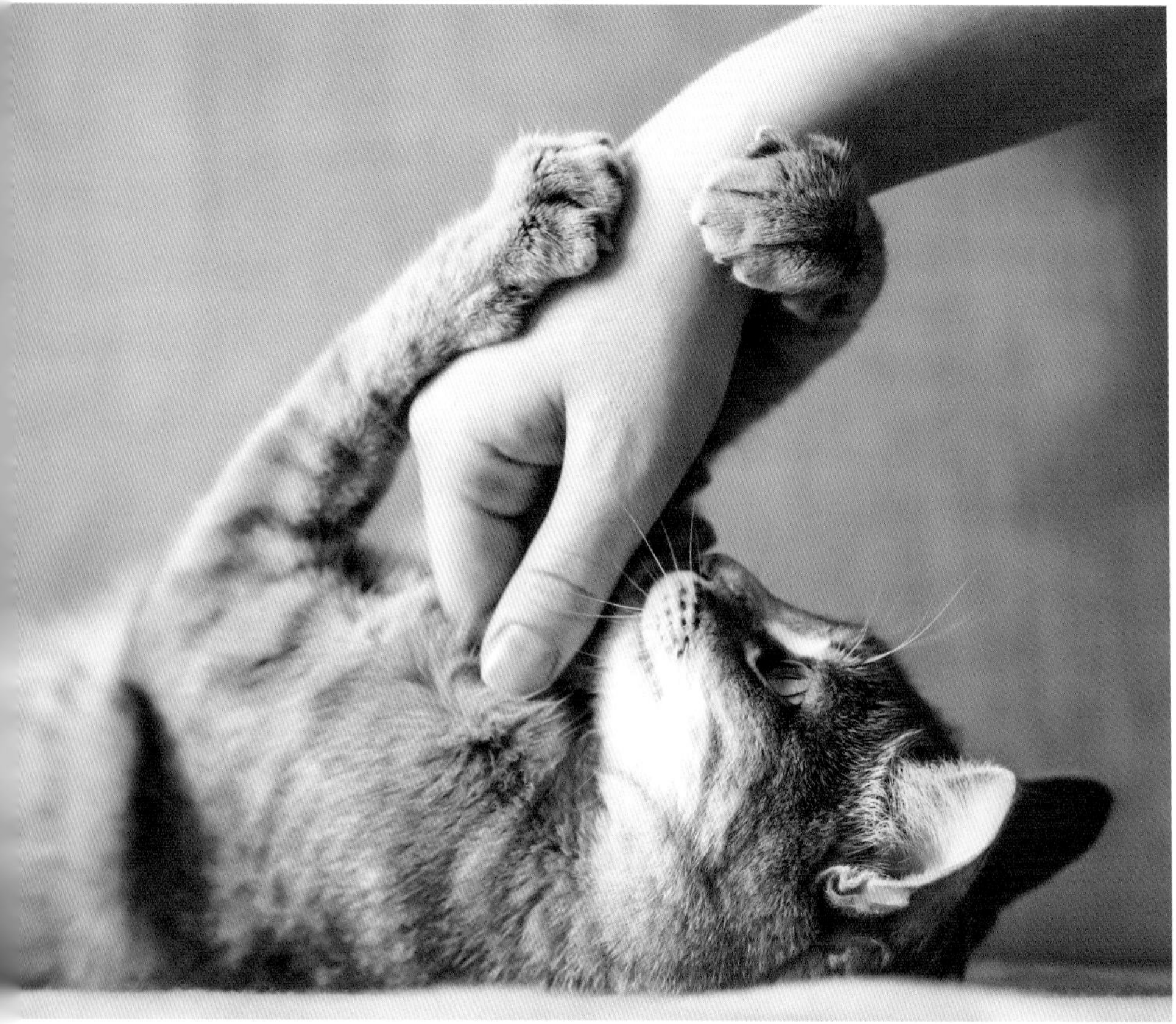

スピード違反《いはん》

その道路で指定された制限速度の上限と下限を守らないこと。

「おやつ」という言葉を聞いたり、好物を目の前にしたりした猫がやってしまいがちな違反の一つ。

車間距離《しゃかんきょり》

前後の車両とぶつからないように、適度な間隔を空けて走行すること。またその距離の長さのこと。人によって態度をコロコロ変える猫のように、道路の状態や走行スピードによって適切な距離は変わってくる。

ウィンカー

車線を変更する3秒前や、右左折をする30メートル手前の時点で出さなくてはいけない合図のこと。進路変更の直前で合図したり、ウィンカーを出さなかったりすると「合図不履行」の違反になる。

左に曲がりみゃ〜す

死角《しかく》の確認《かくにん》

運転席から見えない位置をしっかりと確認すること。また歩行者や自転車などが、自動車の死角を把握して入らないように気をつけることも大事。

四角を
確認中なのにゃ！

左方優先《さほうゆうせん》

信号がなかったり、道路の優先関係がはっきりしなかったりする交差点では、左側から進行している車両の方が優先されるという考えのこと。

優先側を走行していても、相手が止まらずに飛び出してくることを考えておくと側面衝突を防げる。

左折《させつ》巻《ま》き込《こ》み

自動車が、左折時に自転車などに気づかず巻き込んでしまうこと。左折前に道路の端に寄って他の車両がすり抜けできないようにし、しっかり左後方を確認することが大事。また、自転車や猫などは端に寄った自動車の脇をすり抜けて前に出てはいけない。

はみ出《だ》し運転《うんてん》

車線変更以外で、車線境界線やセンターラインをはみ出しながら走行することで、危険な行為。

また猫が自分の体型も考えずに狭い場所などに入ろうとして、入りきれていない状態のこと。

車内装飾《しゃないそうしょく》

ダッシュボードの上にぬいぐるみなどを置いたり、フロントガラスを飾りつけたりすること。運転中の視界が遮ぎられていると、道交法第55条違反になる。

大事なぬいぐるみを猫かわいがりするのは、車内以外の場所がおすすめ。

チャイルドシート

まだ体が小さく、シートベルトでは体を固定できない子どもたちの命綱のこと。6歳未満は着用が義務で、子どものイヤイヤに負けて着用しないと道交法第71条違反となる。なお、年齢を問わず、身長140㎝までは着用が推奨されている。

クラクション&ベル

標識で決められた場所や、
おもに見通しの悪い場所で
危険を避けるために鳴らす
警音器のこと。
歩行者や猫に向けて鳴らす
と驚いて固まってしまい、
思わぬ事故につながる危険
があるのでやってはいけない。

あおり運転《うんてん》

他の車両や歩行者を意図的に妨害することで、蛇行運転や急な加減速などの威嚇行為を指す。あおり運転は、猫の威嚇のように猫パンチや猫キックだけでは済まず、大事故につながる恐れがあるため、交通違反の中で最も重い違反の一つになっている。

ハイビーム&ロービーム

夜間に車両がつける前照灯のこと。基本的にハイビームを使用し、対向車などの妨げになる時はロービームに切り替える決まりになっている。またビームを数回点滅させることをパッシングといい、ドライバー同士のコミュニケーションに使われている。なお、猫の瞳の大きさは光の量で変化するが、ビームは出ない。

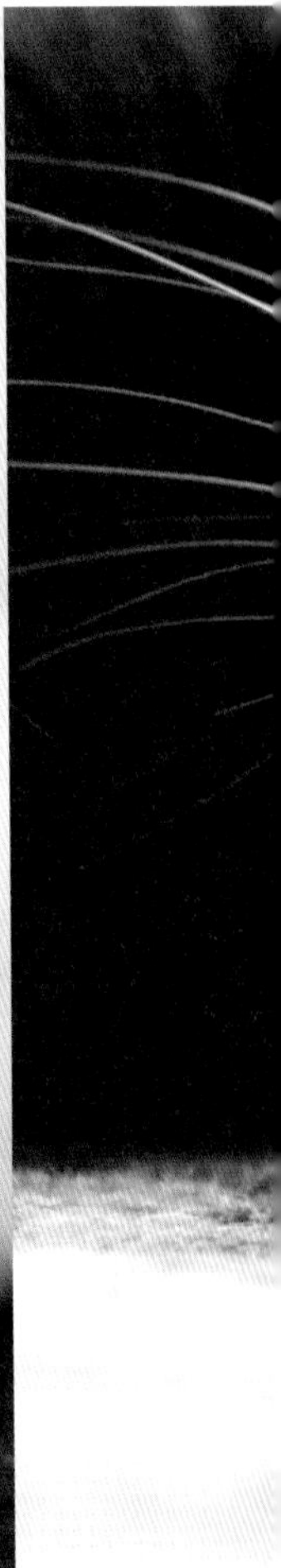

ジッパー合流《ごうりゅう》

ファスナー合流ともいい、合流車両が加速車線の一番奥まで走り、合流地点で本線を走る車両の間に1台ずつ入る合流方法のこと。渋滞を40%程度減らすことができる。義務ではなく、ドライバーの暗黙の了解で行われる事が多い。

迷惑走行《めいわくそうこう》

2台以上の車両が公道で連なって走行し、スピードを競ったり騒音を響かせたりすること。「共同危険行為」といい、重大違反の一つ。猫が集団で連なっていることは「猫団子」などと呼ぶが、これも猫好きの心を奪う罪深い行為の一つ。

乗《の》り上《あ》げ駐停車《ちゅうていしゃ》

車体の一部または全部を歩道に乗せた駐停車のことで、狭い道路で多く見られる。駐停車がジャマにならないように配慮したつもりで、歩行者の通行を大きく妨害する「つもりマナー」であり、駐停車方法の違反や通行帯違反となる。

無余地《むよち》駐車《ちゅうしゃ》

車両の右側となる車道の幅が3・5m未満の状態で駐車することで、駐車違反となる。隙間の少ない空間に詰まることを好む猫と違い、車両は隙間を空けないと交通が詰まってしまう。

幅寄《はばよ》せ

車体を小刻みに動かして道路の端に寄せること。また、他の車両に極端に接近して駐車したり、走行中の車両を他の車両や歩行者に近づけたりする迷惑行為のこと。

猫が人間に擦り寄り、自身のかわいらしさで圧力をかけながら餌やおやつを要求することも指す。

専用《せんよう》通行帯《つうこうたい》

標識などで指定された車両以外は、通行不可のスペースのこと。特に「自転車専用」の標識と標示両方がある通行帯を自転車専用通行帯と呼び、例外を除き自動車やバイク、歩行者は通行できない。猫も、自転車にはねられる恐れがあるので昼寝場所にはしない方がよい。

暖機運転《だんきうんてん》（アイドリング）

エンジンなどを温めるため、アクセルを踏まずにエンジンをかけた状態でいること。現在の車両は暖機運転をほぼ必要としないため、エンジン音や排気ガスが迷惑となっている。また冬場に猫がストーブ前を占領することも指すが、猫は体が温まっても寝ているばかりである。

不《ふ》正《せい》改《かい》造《ぞう》

決められた基準から外れるような装置の取りつけや取り外しをすること。道路運送車両法違反となる。

そのままの姿でも猫は十分かわいいように、車両もそのままでも何も問題はない。

車検《しゃけん》

正式には「自動車検査登録制度」というが、正式名称を覚えている人は少ない。車両の健康診断のようなもので、無車検のまま運転すると違反点数は6点。

車両も人間も猫も、定期検診が長持ち長生きの秘訣。

きっちり車検しておかないと一発で免許停止になっちゃうにゃ！

ガス欠《けつ》

走行中に、車両に必要なガソリンなどの燃料を切らしてしまうこと。電気自動車の場合は電欠という。猫缶を切らした猫のように車両が全く動かなくなるので、燃料は余裕を持っておくことが大事。特に高速道路で運転不能になると、2点の交通違反となる。

おなかがすいて
力が出ないにゃぁ…

ハイドロプレーニング現象《げんしょう》

水が溜まった道路を高速で走行した時に、水が膜状になってタイヤが浮いたような状態になること。アクセルやブレーキが効かなくなる、ドライバー泣かせな現象。また、猫がなぜか飲み水などをまき散らして辺りをびしゃびしゃにする人間泣かせな現象のことも指す。

冬《ふゆ》タイヤ

雪道や凍結した道を走行するためのタイヤ装備のことで、スタッドレスタイヤやチェーンを巻いたタイヤを指す。スタッドレスの深い溝がしっかりと雪道に食い込むとスリップを防いでくれるので安心だが、猫の爪が人間に食い込むと泣きたいくらいに痛い。

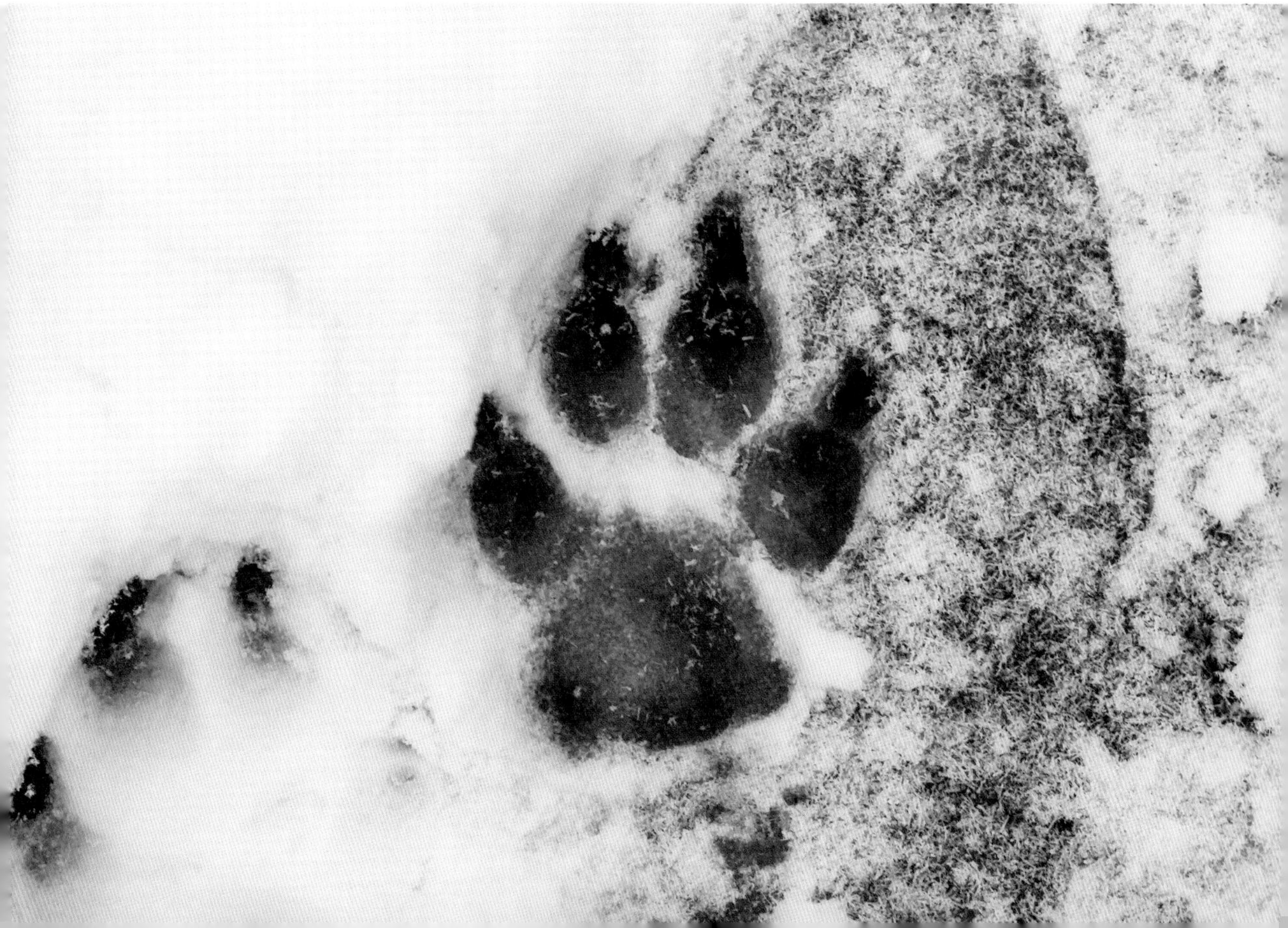

熱中症《ねっちゅうしょう》

気温と湿度が高い日に、脱水などで体調を崩すこと。特にエンジンを切った自動車の中は高温になりやすいため、猫や子どもだけでなく、大人でも命の危険がある。暑い日は車内で休憩するのはやめて、涼しいところをよく知っている猫についていくとよい。

15分も車内にいたら
耐えられないにゃ…

排《はい》気《き》流《りゅう》入《にゅう》

エンジンをかけた自動車が雪で埋まり、排気ガスが車内へ吸い込まれてしまうこと。一酸化炭素中毒による命の危険があるが、マフラー周りの雪かきをしっかりすることで防ぐことができる。なお、雪の日はこたつの中に猫が吸い込まれていく現象も多く発生する。

給油《きゅうゆ》間違《まちが》い

ミルク（牛乳）を飲まされた猫がお腹を壊してしまうこと。猫には猫用ミルクを与える必要がある。

また、車両に間違った燃料を入れてしまうことも指す。特に間違えやすい「軽油」はディーゼルエンジン用の燃料で、「軽」といっても軽自動車用ではない。

インロック

自動車の鍵を車内に残したままロックしてしまい、目の前に鍵がありながら車内に入れず呆然とすること。その時の人は、ケージ越しに好物を見つめるしかない猫と同じ表情をしている。ロードサービスを呼ぶか、緊急時は窓を割るのも有効。

バッテリー上《あ》がり

多量の電力を使用したために、バッテリーの蓄電量不足となってエンジンがかからなくなった状態のこと。エアコンの使いすぎやライトのつけっぱなし、車両の長期放置などが原因。

また元気いっぱい走り回っていた子猫が、次の瞬間にコテっと寝てしまうこと。

冠水《かんすい》

猫がお風呂に入れられてアンニュイな状態になること。おやつをあげると直ることもある。

また車両が大雨などで車内浸水したり、川や海などに水没したりすることも指す。水が引いた後にエンジンはかけず、販売店などに相談すると直ることもある。

ながら運転《うんてん》

車両の走行中にスマホなどを手に持つことや、その状態で通話をすること。またスマホ、カーナビ、テレビなどの画面を見ること。

スマホもテレビも、猫を撫でながらゆったり寛げる場所で見るのが一番。

居眠《いねむ》り運転《うんてん》

車両の運転中に寝てしまうこと。安全運転義務違反で、違反点数は2点。

運転前によく睡眠をとったり、眠気を感じたらミントガムを噛んだりすることが有効だが、多くの猫はミントを嫌うので、猫パンチされないように注意。

過労運転《かろううんてん》

過労、病気、薬物などにより、正常な運転ができない可能性がある状態で車両などを運転すること。重大な交通違反の一つで、違反点数は25点。

なお、猫が口を半開きにしているのはフレーメン反応といい、過労ではないので心配ない。

休憩《きゅうけい》

のんびりゆっくりしたり、昼寝をしたり、猫がその一生をかけて体現していることで、人間にも運転の間に必要になるもの。

一般道で3時間、高速道路で2時間ほど運転したら、休憩を挟むのが目安。猫のように伸びをしたり、20分程度の仮眠をとるのもよい。

ミラー格納《かくのう》

180度耳を畳める猫のように、狭い駐車場などで通行の邪魔にならないようにドアミラーを畳むこと。他者に自分の自動車を傷つけられにくい効果もある。義務ではなく、マナーの一種とされる。

思《おも》いやり駐車《ちゅうしゃ》

車椅子のマークが描かれた駐車スペースに、その場所以外でも困らない人が駐車をしないこと。また自治体からの許可証を持つ人だけが駐車できる専用駐車場のことも指し、パーキング・パーミットともいう。

サンキューハザード

他の車両に道を譲ってもらった時などに、感謝の気持ちを表すためにハザードランプを2～3回点滅させることで、義務ではなくマナーの一種。ハザードランプは緊急灯のため、周囲に誤認識される場合があり、他に危険を及ぼした時には安全運転義務違反になることがある。

初心者《しょしんしゃ》マーク＆高齢者《こうれいしゃ》マーク

免許を取得して1年未満のドライバーは初心者マークの表示をしなければならず、周囲のドライバーはその自動車に配慮した運転をすることが義務になっている。また70歳以上のドライバーには高齢者マークの表示が推奨されている。

ゴールド免許《めんきょ》

5年以上、無事故・無違反のドライバーの証。運転免許証の色が金色になるが、キラキラ光るものを追いかける猫のための遊び道具というわけではない。

信号遵守《しんごうじゅんしゅ》

信号を守って道路を進むことで、交通安全の基本中の基本。青は「進むことができる」、黄は「止まれ」、赤は「止まれ」の意味。黄信号は急停止になって危険がある時以外は、進むと信号無視になる。また、歩行者であっても違反すると2万円以下の罰金などが科せられる。

自転車や電動キックボードも、基本的に車両用の信号を守らないとダメにゃ～。

緊急車両《きんきゅうしゃりょう》優先《ゆうせん》

赤色ランプを点灯させて走行している緊急車両に対して、他の車両が左に寄るなどして道を譲る義務のこと。歩行者は消防車に譲る義務以外はマナーの範囲だが、猫も杓子も緊急車両に道を譲れる優しさが、誰かの命を救う。

遮断踏切《しゃだんふみきり》立《た》ち入《い》り

警報が鳴って、遮断機が下り始めた線路内に進入すること。車両の場合は道交法に、歩行者でも鉄道営業法に違反する。

遮断機が開いていても、猫のような慎重さで素早く渡りきることが望ましい。

新幹線の線路に立ち入った場合は、特例法によってさらに重罰になるにゃ！

飛《と》び出《だ》し

周囲を確認せずに横断したり、交差点に進入したりすること。また歩行者や猫が、突然歩道から車道に下りること。飛び出しても飛び出さなくても、目的地に着く時間は大差ないので、周りを確認した方が安全でお得。

右見《みぎみ》て左見《ひだりみ》てまた右見《みぎみ》て

道路の横断時や、交差点の進入時に行う安全確認のこと。日本の車両は左側通行であり、横断や交差点で最初に出会うのは右側からやってくる車両になるため、右から確認することになっている。その場で華麗に1回転ジャンプを決めると一瞬で済むが、首だけを左右に動かした方が確実に行える。

後方確認《こうほうかくにん》

次の行動に移る前にきちんと後方を確認することで、車両はもちろんのこと、歩行者にも欠かせない。広い歩道などを気の向くままに斜めに突っ切ろうとすると、直進しようとしていた猫や他の歩行者にぶつかって迷惑になることも。

駐車場《ちゅうしゃじょう》の安全確認《あんぜんかくにん》

車両と歩行者が同じ場所を行き交い、いろんな場所に危険と猫が潜んでいる駐車場では、慎重すぎるくらいがちょうどいい。特に子どもがいる場合は手をつないだり、自動車のチャイルドロックで車外への飛び出しを防止したりなど、保護者が制限をかけることが重要。

報告義務《ほうこくぎむ》

事故を起こした時や、事故に巻き込まれた時は、運転者か乗務員が警察に通報しなくてはならない。通報せずにネコババを決め込むと、3か月以下の懲役または、5万円以下の罰金となる。

ポイ捨《す》て

ゴミ箱以外の場所にゴミを放置することやゴミを放り捨てることで、ゴミと一緒に良心を捨てる行為。軽犯罪法や自治体の条例に違反する他、車両からのポイ捨ては道交法76条違反にあたる。特におもちゃに飽きた猫が床などに放置していくことは、人間をがっかりさせる重罪。

猫《ねこ》バンバン

自動車の隙間などに入り込んだ猫を逃がすために、乗車前にボンネットを軽く叩いたり、車体を揺らしたりするアクションのこと。英語では「knock knock Cats」という。猫の入り込みが多い梅雨や冬季だけでなく、年中バンバンすれば、今日も猫たちはハッピー。

 ※「猫バンバン」は日産自動車株式会社の登録商標です。

交通まにゃ～用語集

交通ルールで
よく聞く言葉を
解説にゃ！

猫	自由奔放さや見た目の愛らしさが人間の心を捉えてやまない生き物。その身体は非常に柔らかく、自由自在に形状を変えられることから、実は液体なのではという説が一部で有力視されている。
車両	道路を走る乗り物全体を指す言葉。自動車、バイクの他に、自転車、電動キックボードなども含まれる。
自動車	原動機によって走行する車両のことで、排気量が一定以上の二輪車と四輪車を指す。道交法ではどちらも自動車としてひとまとめにしているが、運転免許はそれぞれ専用のものが必要。
原付	「原動機付自転車」の略。排気量 50cc 以下の自動二輪と、電動キックボードのこと。電動キックボードは最高速度によってさらに呼び分けられる。なお電動アシスト自転車は原動機ではないので原付には含まれない。
軽車両	人や動物の力で動かす乗り物などのこと。自転車を指すことが多いが、人力車や犬ゾリ、猫ゾリなども軽車両。
歩行者	歩いている人の他、幼児用の自転車や車椅子、ベビーカー（乳母車）も含まれる。また、エンジンを止めた車両を押しながら歩いている人のことも指す。
緊急車両	おもに消防車、救急車、パトカーのこと。人命救助や火災対応、事故対応を行う車両で「赤色の警告灯をつけ、サイレンを鳴らして運転中であるもの」を指す。民間の緊急車両もある。

特定小型原動機付自転車	電動キックボードのうち、最高速度が時速 20km 以下しか出せないもの。
特例特定小型原動機付自転車	電動キックボードのうち、最高速度が時速６km 以下しか出せないのもの。
交通違反	道交法などの、交通安全を目的として定められた基本的ルールを守らないこと。違反をすると違反の度合いによって「行政処分」と「刑事処分」を科せられることになる。
行政処分	車両の運転を禁止・制限する処分のこと。免許の停止や取消など。
刑事処分	懲役刑や罰金刑のこと。刑事裁判で有罪になると科せられ、前科となる。
点数	交通違反をすると加点されるもので、違反の重さによって点数が大きくなる。点数が小さいものは反則金で済むが、反則金を収めずにいると刑事手続となってしまう。また、違反を積み重ねて加点が一定数に達すると、免許停止などの処分を受ける。
赤キップ	正式には「交通切符告知票」というが、一般的にはほぼ赤キップとしか呼ばれない。重大な交通違反をすると渡され、猶予も何もなく刑事手続となってしまう。起訴されて刑事裁判で有罪になると、刑事処分を受ける。
青キップ	正式には「交通反則告知書」といい、こちらも一般的には青キップの呼び名の方が馴染んでいる。軽微な交通違反時に渡される、反則金の納付を通告する書類のこと。 自転車や歩行者には青キップの制度がなく、違反をすると赤キップを渡され刑事手続をとられることになる。
反則金	青キップを渡された者が納める制裁金のこと。軽微な違反に対する行政処分で、反則金を納めると刑事手続にならないため、前科もつかない。

罰金	重大な過失に対する刑事罰。金額が１万円以上のもの。科されると前科になる。
科料	罰金よりは軽度な刑事罰。金額が1,000円以上１万円未満のもの。科されると前科になる。
自転車横断帯	道路標識などで、自転車の横断のための場所であることが示されている部分のこと。交差点やその付近に自転車横断帯がある時は、自転車は必ず自転車横断帯を横断しなくてはいけない。
優先道路	「優先道路」の標識のある道路や、交差点の中まで中央線や車両通行帯がある道路のこと。交差点では、優先道路側を走行している車両の通行を妨げてはいけない。
一般道路	車両や歩行者が通行する道路の総称で、一般道や下道ともいう。おもに高速道路以外の道路を指す。
高速道路	高速自動車国道と自動車専用道路のこと。どちらも自動車のみが通行できる道路で、制限速度や利用料金が異なる。
路肩	道路の主要構造部を保護したり、車道の効用を保つために、車道や歩道などに続けて設けられている帯状の部分のこと。
道路標識・標示	道路のかたわらに設置されている表示版を標識、路面に描かれた文字や記号を標示という。どちらも見落としは交通違反の元。

徐行	車両などがすぐさま停止できる速度で進行すること。
停車	車両を継続的に停めることで、停止時間が５分以内かつ、すぐに発車できる状態であること。また人の乗り降りのために停止している状態のこと。
駐車	車両を継続的に停めることで、停止時間が５分を超えるもの。すぐに発車できない状態の場合は、停めている時間を問わず駐車とみなされる。
免許更新	定期的に運転の適性をチェックし直したり、新しい法令を学び直し新しい免許証を発行する手続きのことで、更新期間は年齢や違反歴により異なる。ゴールド免許だと、手数料などが優遇される。
違反者講習	３点以下の交通違反を重ねて、６点以上になった人が受ける講習。ただし、過去３年以内に違反者講習や停止処分などの対象になっていると受けることができない。免許停止処分にならないための講習で、受講しないと免許停止になる。
自転車運転者講習制度	自転車の15の危険行為を３年以内に２回以上行った人が受ける講習。受講しないと罰金５万円を科される。

※本書は猫のついでに、交通ルールに気軽に触れていただくことを目的としています。法令の内容に創作はありませんが、一部法令内では用いられない用語や、猫語を使用しています。また本書を猫に見せても猫が道路交通法などを守るようにはなりません。予めご了承ください。

＜参考文献＞
国土交通省 HP／警察庁・警視庁 HP／日本自動車連盟 HP

猫好きにおくる交通まにゃ〜ぶっく

2023年11月20日　初版 第1刷発行

発行人	日野眞吾
発行所	株式会社JAFメディアワークス
	〒105-0012　東京都港区芝大門1-9-9
	野村不動産芝大門ビル10階
電話	03-5470-1711（営業）
	https://www.jafmw.co.jp/

編集	若松香織
表紙デザイン	環境デザイン研究所（村上祥子、市尾なぎさ）
印刷・製本	共同印刷株式会社
写真	Adobe Stock、photolibrary、PIXTA

Printed in Japan

ISBN978-4-7886-2398-9

本書のご感想はこちらまで